棉花糖风波

·10以内的加减法·

国开童媒 编著　每晴 文　小耳朵 图

国家开放大学出版社出版　国开童媒（北京）文化传播有限公司出品

北　京

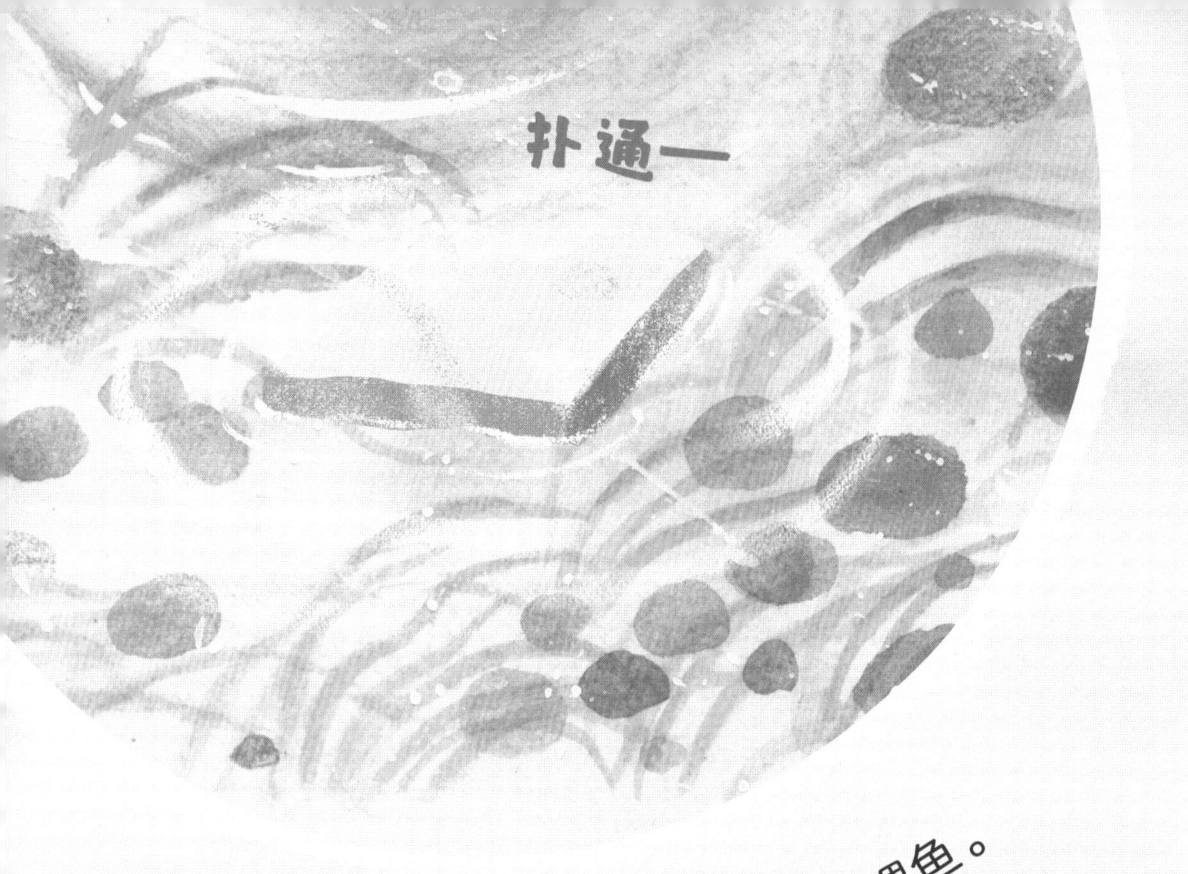

小迪喜欢在周末去公园的湖边喂鱼。

就像这样，拿起1大片面包，
“扑通”丢进水里边。

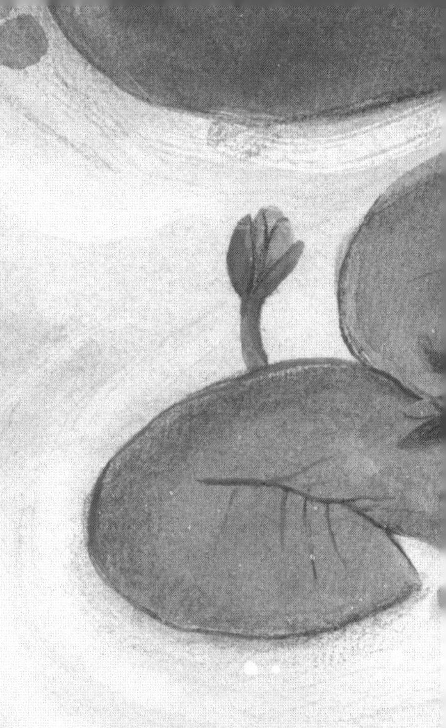

“咕嘟咕嘟”，2条大鱼露出水面，叼走了一些面包。

咕嘟——
咕嘟——

小贴士：接下来，每翻开一页，都和孩子数一数，画面上有几个小朋友，或是几只小动物。

3只小鸭子嘎嘎嘎地游过来，

它们也想吃面包。

嘎— 嘎—
嘎—

4只乌龟正在奋力地游啊游啊，

往这儿赶。

"给我们也留点儿面包吧！"

这下湖面有些热闹了。

5个孩子兴奋地扒着围栏往下瞧。

6条小鱼没吃到面包，
冲着孩子们
“吧唧吧唧”直张嘴。

7只鸽子“**扑啦啦**”从远处飞来凑热闹。

“这里发生了什么事？”

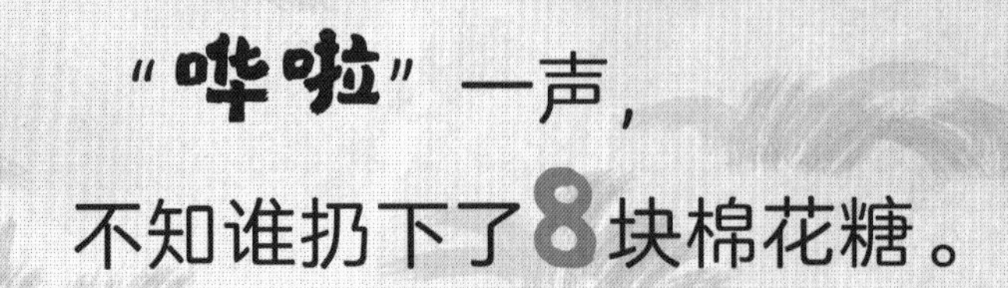

“哗啦”一声，

不知谁扔下了8块棉花糖。

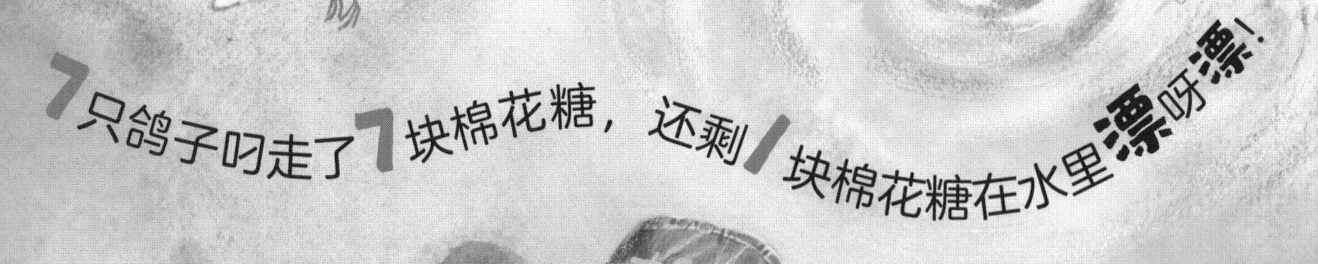

7只鸽子叼走了7块棉花糖，还剩1块棉花糖在水里漂呀漂！

小贴士：请家长给孩子讲一讲算式的含义，中间的“-”是减号，代表“湖里少了多少块棉花糖”；后面的“=”是等号，代表“变成多少”。这个算式读作“8-7=1”，表示“湖里还剩下1块棉花糖”。

这下可好！

2条大鱼，3只鸭子，4只乌龟……

一共9只小动物，争先恐后地来抢1块棉花糖！

小贴士：“+”是加号，代表“合起来有多少”。

忽然，公园的保安叔叔跑过来喊道：

“小朋友，别往水里丢棉花糖！”

这一声大喊，叫住了孩子，惊飞了鸽子，
驱散了乌龟和鸭子，赶走了鱼儿……

湖面一下又恢复了平静……

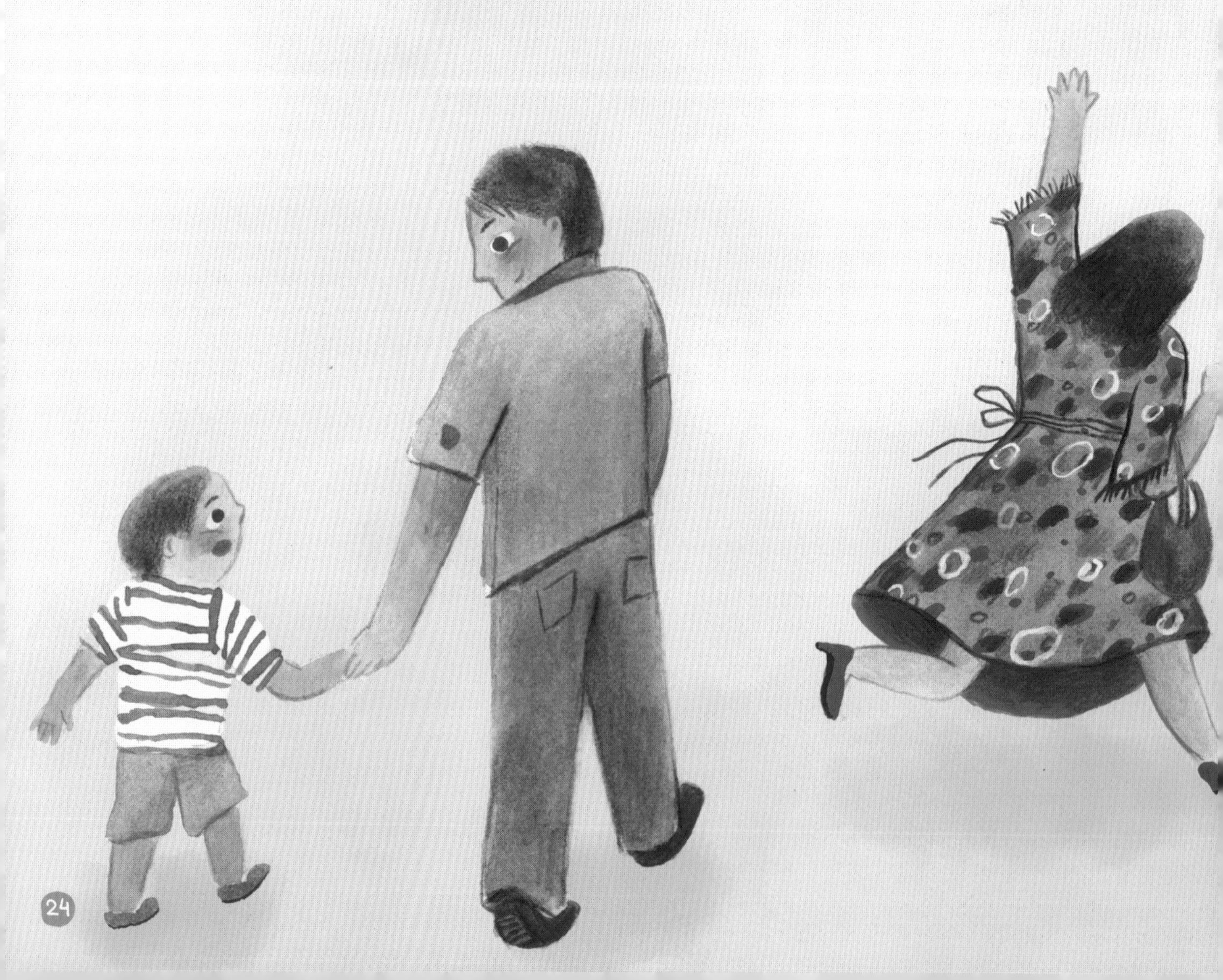

小贴士： 画面上一共有几个人？

·知识导读·

生活中，孩子是怎样数数的呢？是不是眼睛看着，手指指着，小嘴数着？这个过程其实就是在建立物品数量与数之间一一对应的关系。点数一堆物品，要用点数的最后一个数字来命名这堆物体的总数，例如：当我们数2条鱼时，我们会说“1、2”，那么数到最后一条鱼时，我们所说的最后这个数字“2”就是这些鱼的总数。无论是两条鱼还是两颗棒棒糖，虽然它们是不同种类的事物，但数量都是一样的，我们就可以用数字“2”来表示它们的数量。

在数数的过程中，我们可以引导孩子发现：数数不是一个个割裂地数，而是在一个基数上累加，1添上1就是2，2添上1就是3……那孩子是不是也能试着进行加减法的计算了呢？1添上1就是2，那列个加法算式就是“1+1=2”；3去掉1就是2，列个减法算式就是“3−1=2”。所以，加减法的本质就是计数单位的个数累加和递减的过程。

当我们在给孩子做数的启蒙时，还要了解自然数的两大用途：一是描述一个集合的大小（多少），这是基数；二是描述序列中一个元素的位置，这是序数，即第几。数无处不在，让孩子到生活中去学习数字和学会数数吧！

北京润丰学校小学低年级数学组长、一级教师　蒋慕香

思维导图

今天可真热闹啊！湖面上来了一堆小动物，它们先是抢1片面包，再去抢1块棉花糖，可是……你记得发生了什么吗？请看着思维导图，把这个故事讲给你的爸爸妈妈听吧！

数学真好玩

·走迷宫·

小鸭子太想吃对面的棉花糖了，但只有按照1~10的正确顺序走出迷宫才能得到那个棉花糖。你能帮帮它吗？

·惊喜的生日礼物·

小迪过生日，小兜和可可每人挑选了几块棉花糖作为生日礼物，请你数一数他们的手里有多少块棉花糖，就在罐子里相应地选几块棉花糖涂上你喜欢的颜色吧！最后算一下：小迪一共收到了几块棉花糖？

数学真好玩

·多了谁少了谁·

小朋友们在公园的湖上划船，每只船上的数字牌代表这只船能乘坐几个人，但有粗心的小朋友上错了船，请你数一数，算一算，哪只船上的人多了，哪只船上的人少了，再给他们重新分配一下吧。

·抢凳子·

1. 找5~6个小朋友或家人一起玩抢凳子的游戏，第一轮可以先请不参加游戏的小朋友或家人担任主持人，之后由淘汰者担任。

2. 游戏规则是：凳子的数量比游戏的人数少1。

3. 将游戏用的凳子围成一个圈，参加者都必须离凳子2步远，当主持人说“开始”后，大家一起围着一圈凳子走，边走边唱歌。

4. 当主持人说“停”时，参加者停止唱歌，并迅速抢到最近的一个凳子坐下，没有坐到凳子的人被淘汰。

5. 若淘汰了1个人，则那个人为主持人；若淘汰了2个人，则一个人为主持人，一个人为监督者。主持人要问大家：剩下几个人玩游戏？根据新的参加者数量去掉相应的凳子后，再开始游戏。

知识点结业证书

亲爱的________________小朋友，

恭喜你顺利完成了知识点“**10以内的加减法**”的学习，你真的太棒啦！你瞧，数学并不难，还很有意思，对不对？

下面是属于你的徽章，请你为它涂上自己喜欢的颜色，之后再开启下一册的阅读吧！